笑江南 編繪

中華教育

主要人物介紹

向日葵

豌豆射手

白蘿蔔

菜問

火炬樹樁

堅果

大嘴花

火爆辣椒

香蕉火箭炮

功夫氣功殭屍

功夫普通殭屍

武僧小鬼殭屍

牛仔殭屍

未來殭屍

未來殭屍博士

路障未來殭屍

大漢銅人

專家推薦

我們常說：生命在於運動。然而人體的運動是一個非常複雜的過程，需要骨骼、關節、肌肉、韌帶等多方面的協調配合才能進行。當下，「運動成長」已然成為青少年成長的一種全新理念。學會科學正確的運動鍛煉方法，不僅可以促進青少年的骨骼生長，增強他們的體質，避免不必要的運動損傷，更能加速身體的血液循環，促進大腦的發育，從而改善他們的精神面貌，使他們有更充沛的精力投入到學習中去。

運動使人健康，使人聰明，使人快樂。同學們只有了解關於運動的這些知識，才能掌握科學有效的運動方法，從而真正達到既能鍛煉身體，又能增強體質，最終身心共同發展的目的。我期待你們看了這本書之後，能記住那些人體知識，並把它們運用到自己的體育鍛煉過程中去，養成正確的、有效的、科學的運動習慣，讓自己成為全面、和諧發展的優秀少年！

吳建賢

安徽醫科大學第二附屬醫院主任醫師、教授、博士生導師

目錄

為甚麼說「上肢靈活，下肢穩」？

堅果！

堅果在
家嗎？
也在，也
不在。

人在家，
心不在。
確實是，心在
遊戲世界……

堅果，我們一起去
白蘿蔔健身房吧。
聽說白蘿蔔又買了
好多健身器材。
你自己
去吧。

我身上有重
要的任務。

網友們還等着我一起打敗殭屍陣營呢！

他還自詡是「植物鎮的安全衛士」。
……

對了，哥哥，記得 5 分鐘後幫我叫外賣。

我又不是你的保姆……
我只吃火辣辣餐廳的外賣！

火辣辣餐廳是新開的嗎？以前沒聽過呀。
嗯，是一家創意餐廳。

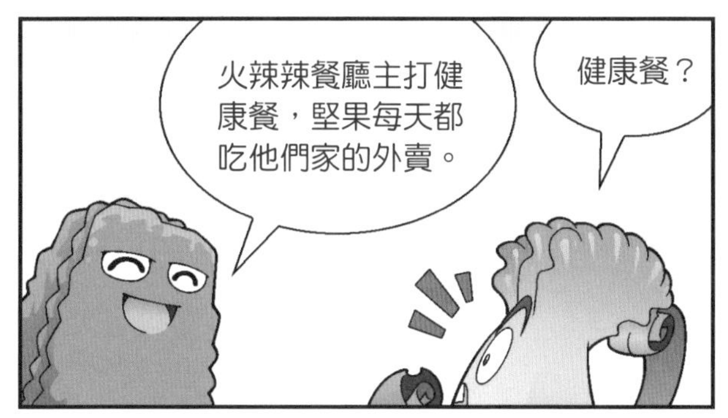
火辣辣餐廳主打健康餐，堅果每天都吃他們家的外賣。
健康餐？

有空我也去試一下。

白蘿蔔和豌豆射手還在健身房等我，那我先走啦！
常來玩哪。

一天到晚坐在電腦前，對堅果的身體不好……

有了！既然他這麼喜歡打遊戲，不如讓他玩個有意義的新遊戲！

堅果，你猜
我給你買甚
麼了？
是健康餐嗎？

是它！
瘋狂戴夫
遊戲盒！

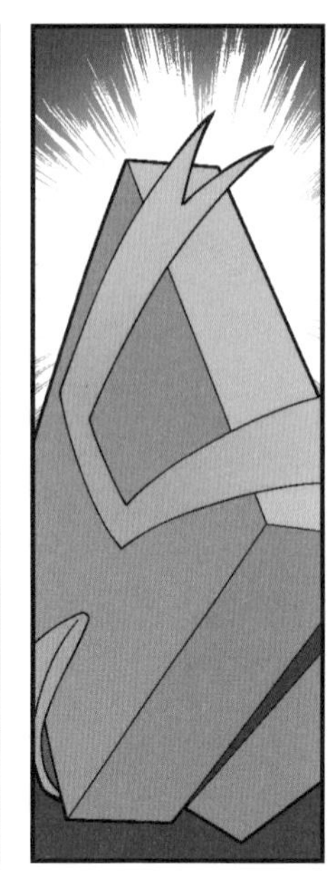

原來是運動體
感遊戲。
是呀，運動體感
遊戲可以一邊遊
戲，一邊運動，
一舉兩得。

我是不是
天才？

拿去退
了吧。
為甚麼？

你不是最喜歡
玩遊戲嗎？
這種老式的體感遊
戲沒意思。我早就
在別人家玩過更高
級的了。
一個月前，菜問、白
蘿蔔和豌豆射手參加
環太平洋游泳比賽，
贏得了一個獎品……

菜問，快把獎
品打開，給我
瞧瞧！
快啦，快啦，
我這不是正在
拆嘛！

運動王國

運動王國

嘿，我是你的專屬運動精靈——瘋狂小戴夫。
運動精靈？
你好，我叫菜問。

這款遊戲是火炬樹樁開發的 VR 奧林匹克體感遊戲。
在遊戲中，你可以身臨其境地體驗健康訓練，以及奧林匹克運動會的全部項目。

在過關斬將的遊戲過程中，你還能學到健康知識，獲得體能訓練。你準備接受挑戰嗎？
接受挑戰！我最喜歡運動了！

不過，你要先答對我的問題，才能正式進入遊戲！
快問！快問！

請問，為甚麼大家都說「上肢靈活，下肢穩」？
我可以打場外求助電話嗎？

我開玩笑的。我知道答案，因為戴夫給我講過這個問題。
必須自己動腦喲！

人類的上肢與下肢相比，骨骼輕巧，關節囊薄而鬆弛，關節活動度較大，肌肉形狀細長且較小，所以上肢比下肢運動靈活。

而下肢的骨骼粗壯，肌肉也比較強壯，耐力更加持久。
恭喜你，答對啦！

歡迎進入運動王國！
啊，這也……太酷了吧！

由於遊戲還處在試用階段，所以聯網功能暫未開通，無法展開與其他玩家的對戰。但你可以在遊戲中完成任務，累計能量。

嗯……啊，那邊還有一個黑洞！
別害怕，黑洞裏面是終極奧林匹克城堡，無敵運動王就住在那裏。

在遊戲中，每完成一個小任務，就能獲得 3 顆能量豆。當能量豆累積到 100 顆以上時，就可以進入城堡，和無敵運動王比拼。
無敵運動王？是遊戲裏的角色嗎？

應該說是遊戲裏的一個頭銜，如果你能戰勝現任無敵運動王，你就可以取而代之。
而且這說明你在體能和運動技巧方面都達到了奧運冠軍的水平。
啊！

太酷了！我一定要挑戰無敵運動王！

體感遊戲，
我只想玩運
動王國。
聽起來的
確很酷。

要是不能玩運動
王國，我還不如
玩這款和殭屍對
戰的遊戲呢！

至少在遊戲裏，
我每次都可以贏
殭屍。

唉，那我去把
遊戲退了吧。
記得幫我帶一份火
辣辣餐廳的巨無霸
健康套餐喲！

為甚麼說肩膀和頸椎是一對「好兄弟」？

菜問，投
降吧！
吃我一腿！
啊！

一個月不見，
這傢伙的臂力
又增強了……

不好，要
遲到了！

有本事再戰三
百個回合！
下次再來找
你切磋！

火辣辣餐廳

-20%
對不起，我
遲到了！
沒關係。

我已經點好菜了。
殭屍也去找你的麻煩了？
唉，我遇到了功夫氣功殭屍，他的腿功超級厲害。還好我最近在玩運動王國的拳擊遊戲，否則也不會這麼容易打敗他。
那有甚麼了不起的？我每天要和好幾個殭屍對戰呢！
嘩嘩嘩
不是，我每天都在一款遊戲裏和殭屍比賽。

菜來啦！
看起來
不錯。

放心好了。
點這麼多，
吃了不會發
胖嗎？

火辣辣餐廳裏的健康餐都是
本人自創的，每道菜品都含
有多種膳食纖維，能促進胃
腸道蠕動，促進消化吸收，
而且不會引起肥胖。
而且，這些菜式經過
老闆的調配之後，口
感非常好！

快嚐嚐吧！

吧唧
吧唧
太好吃啦！
本食神推薦的，絕對沒錯！

好飽呀！
我也是。

你是吃太飽了吧？
為甚麼吃完健康餐以後，感覺很疲勞呢？

也許是我最近鍛煉
的時間比較長，有
點勞累。

謝謝你叫我
來吃這麼美
味的食物！
我們是好兄弟，
就別客氣啦！

那你更應該
常來吃健康
餐啦！
嗯。

我沒帶錢包，你先
把錢付一下吧。

天下第一

哈哈，我又
贏了。

我怎麼這麼
厲害呢？
武僧小鬼這傢伙
不練功，居然在
打遊戲。
還不練
功去！
師父……

我本來想練功的，可我練不了。

我的肩膀和脖子疼。
是打遊戲打的吧？

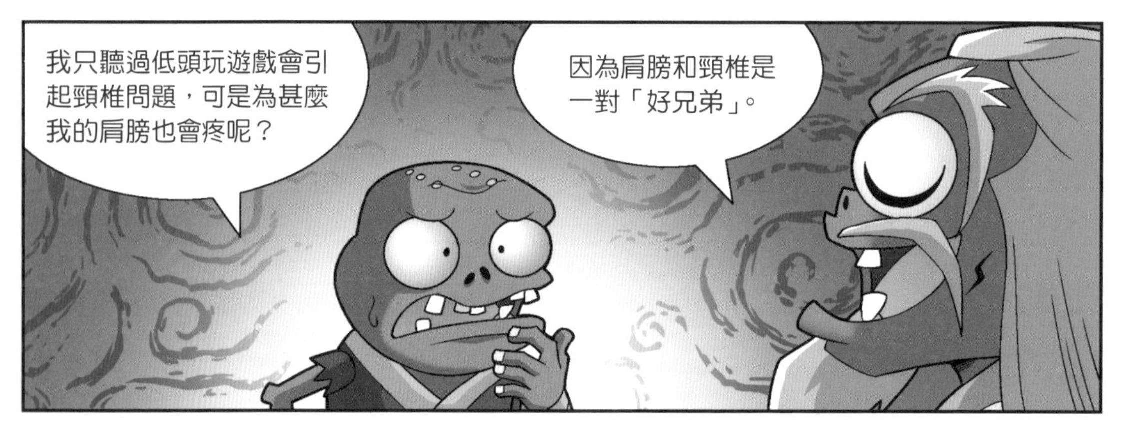
我只聽過低頭玩遊戲會引起頸椎問題，可是為甚麼我的肩膀也會疼呢？
因為肩膀和頸椎是一對「好兄弟」。

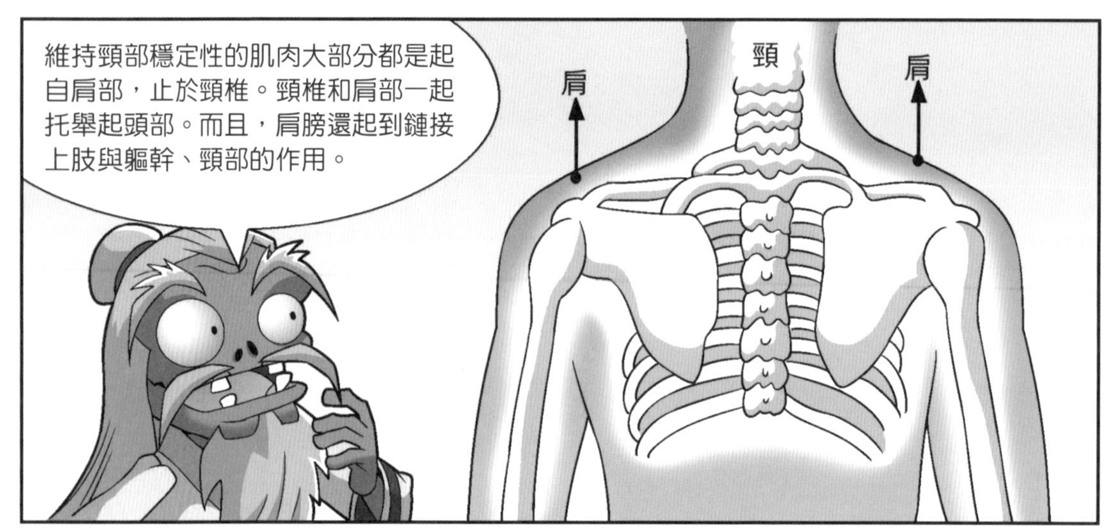
維持頭部穩定性的肌肉大部分都是起自肩部，止於頸椎。頸椎和肩部一起托舉起頭部。而且，肩膀還起到鏈接上肢與軀幹、頭部的作用。
肩
頸
肩

在打遊戲的時候，頸椎和肩部長時間保持同一個姿勢，這兩個部位不生病才怪呢。
那怎麼辦啊？

怎麼辦？當然是少玩遊戲，多運動！

我好不容易求殭屍博士把我們搬到有信號的地方來，是為了利用網絡時刻掌握植物鎮的情況。可不是讓你在這兒打機的！
可是，這遊戲太好玩了，我忍不住……

你玩的甚麼遊戲？給我看看。

師父您看，這是一款殭屍和植物進行運動比賽的遊戲。
還有這種遊戲？

在比賽裏，只要我選擇植物的角色，不到2分鐘就能贏！
甚麼？

你這不是長他人志氣，滅自己威風嗎？
我也沒辦法呀。

只有選植物角色才能贏，我每次選殭屍角色都會輸。

哼，你一天到晚打機，遲早會把身體弄壞的。
更可惡的是，你還在遊戲裏跟我對打！
手機沒收！
師父，再讓我玩一局吧！

讓我再體驗贏的感覺吧！在現實生活中，我還從來沒贏過呢……

含胸駝背可以糾正嗎？

天下第一

我倒要看看，這破遊戲有甚麼好玩的！

請選擇您的角色。
選堅果吧，他比較弱，一定贏不了。我就喜歡看到植物輸。
請選擇您要對戰的角色。
選武僧小鬼殭屍，讓他看看殭屍也可以贏！

加油!
加油!!
小鬼殭屍
堅果

堅果勝
加油!!

堅果這麼簡單就贏了！

不，是我贏了！哈哈，幸福來得太突然啦！
不讓我玩，自己卻玩得那麼起勁。

你贏了！
終於通
關了！

遊戲結束

這個圖案好
像是……
這款遊戲居然
是殭屍博士實
驗室出品的！

殭屍博士實驗室

博士，有個人
要見您，攔都
攔不住！
這麼晚了，
是誰呀？

博士，您怎麼
能這樣？！
嗒

您怎麼能出這種讓殭屍丟臉的遊戲呢？
你也玩過這款遊戲了？

別大驚小怪。

這款遊戲能讓每個植物都實現打敗殭屍的夢想。
您這不是在幫植物嗎？為甚麼？

錯！我特意讓植物們總能輕而易舉地獲得勝利，這樣他們就會沉迷於遊戲，放棄學業、事業和健康……

到時候，我們就能把植物們一網打盡啦！

博士在下一盤很大的棋。
哈哈哈哈

我不知道植物們有沒有沉迷，我只知道，我的徒弟武僧小鬼殭屍沉迷了。

你是不是平時沒有好好對待他？

他最近不練功，就知道打遊戲。而且這傢伙每次的對手都選我，氣死我了！
那你要反省一下。

健身房

歡迎進入身姿訓練館。

請問，你面前的哪種站姿是正確的站姿？
這個簡單。

是這個！因為他站着的時候，身體呈一條直線。
回答正確！

請問，你面前的哪種坐姿是正確的坐姿？
是這個！

回答正確。接下來，請幫虛擬角色糾正身姿。
沒問題。

這個虛擬角色最大的問題是含胸駝背。
糾正含胸駝背有兩種方法，第一種是拉伸胸部肌肉。

第二種是用坐姿划船的方式，增加背部菱形肌的力量。

菱形肌位於背部上方，是一塊菱形的扁肌，是維持身體挺拔的重要肌肉。如果菱形肌肌力不足，張力不夠，就會使肩胛失去穩定性，導致含胸駝背。

好了，一起划船吧！

恭喜你完成挑戰，獲得 3 顆能量豆。
再累計 36 顆能量豆，就能挑戰無敵運動王了！

白蘿蔔，我們來上課啦！
好的，等我一下。

今天先玩到這裏吧。
再見啦。

運動王國
堅果不是說今天要來嗎？
他可能又在家打機吧……

不，他沒來可能是因為……
你好像知道甚麼祕密……

今天是測體脂的日子！堅果很可能怕脂肪超標，所以選擇了逃避。

今天要測的是體脂率，也就是脂肪在體重中所佔的比例。
體脂率愈高，愈容易得肥胖症、高血壓等相關疾病。誰先測？
我先來！

16%，你的體
脂率很正常。
到我啦！

20%？

男性的正常體脂率是
15%－18%，女性是
25%－28%。你的體
脂超標了。
怎麼可能？

我最近都在認
真鍛煉哪！
你是不是吃高
脂肪、高熱量
的食物了？
沒有哇，我
吃的東西很
健康。

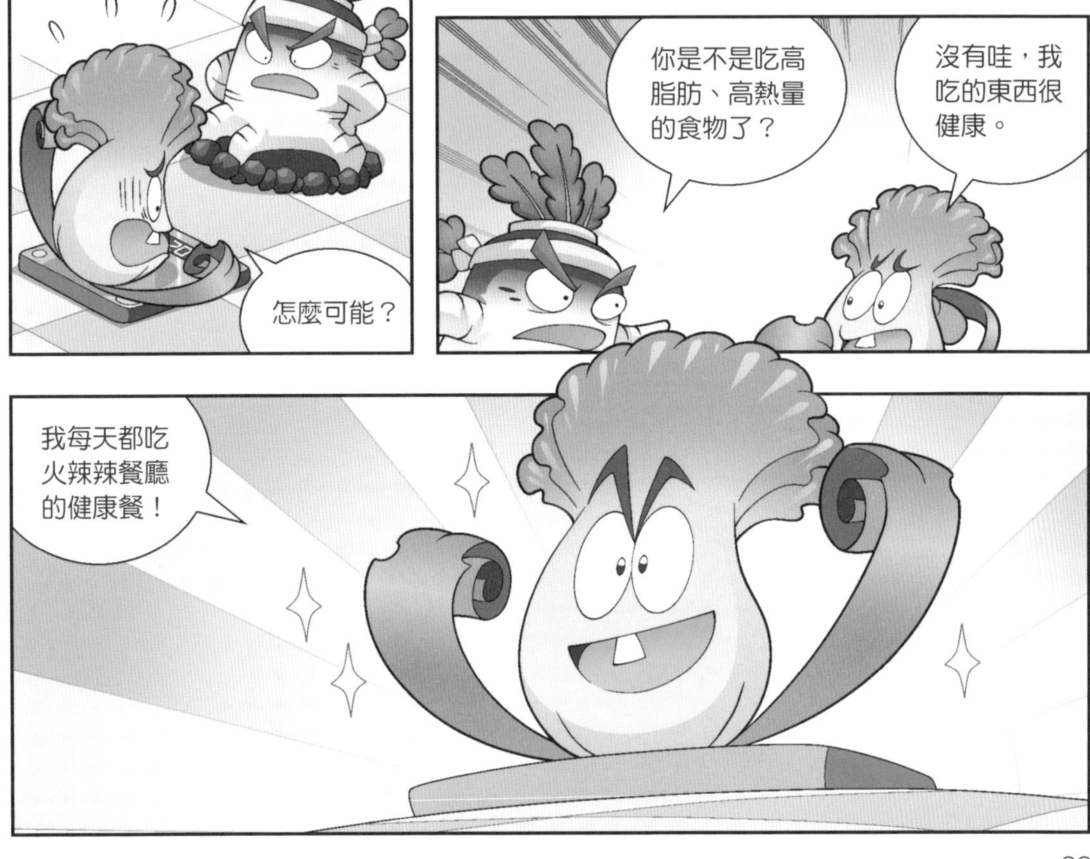
我每天都吃
火辣辣餐廳
的健康餐！

「盪鞦韆」也會導致脫臼？

因為我把體脂秤
給你借來了！

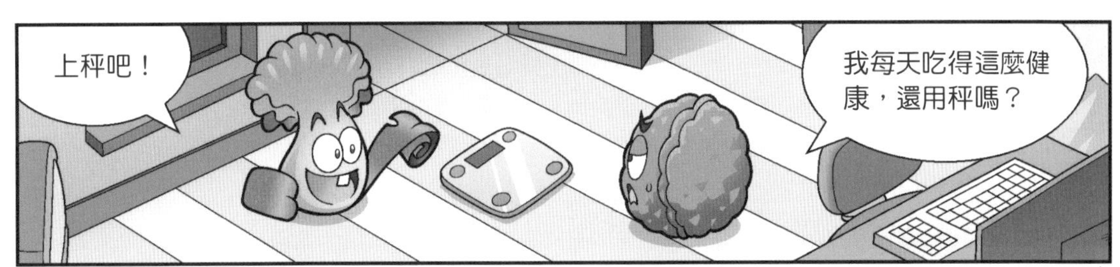
上秤吧！
我每天吃得這麼健
康，還用秤嗎？

吖

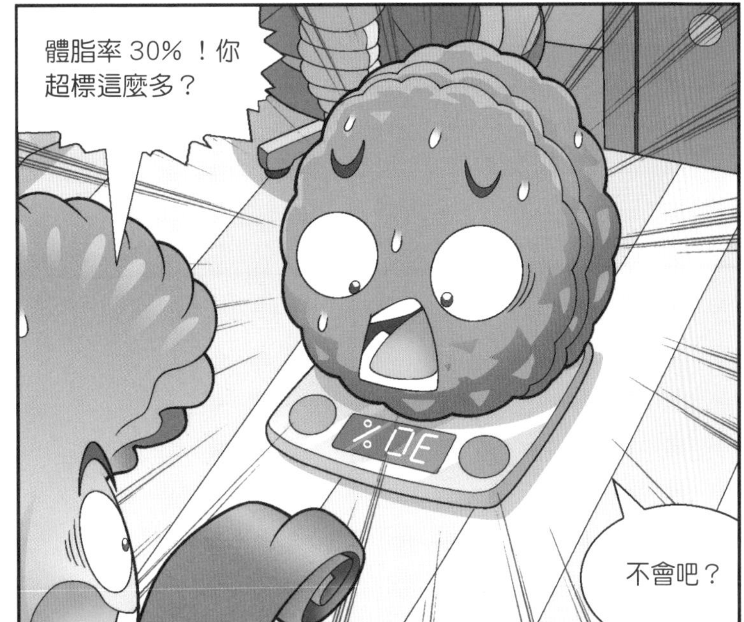
體脂率 30% ！你
超標這麼多？
不會吧？

一定是秤壞了。
不可能。
白天豌豆射手和白蘿蔔也剛測過，他們都是正常的。

一定是你每天坐在電腦前玩遊戲，才堆積了這麼多脂肪。
但是我吃得健康啊！

如果堅果的脂肪是因為久坐而產生的，那我的脂肪是從哪兒來的呢……

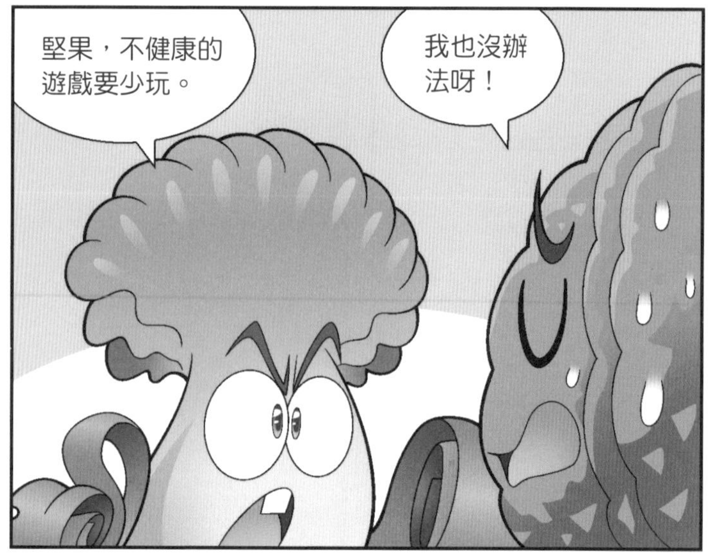
堅果，不健康的遊戲要少玩。
我也沒辦法呀！

除非你把運動王國借我玩。
不行，我自己還要玩呢。

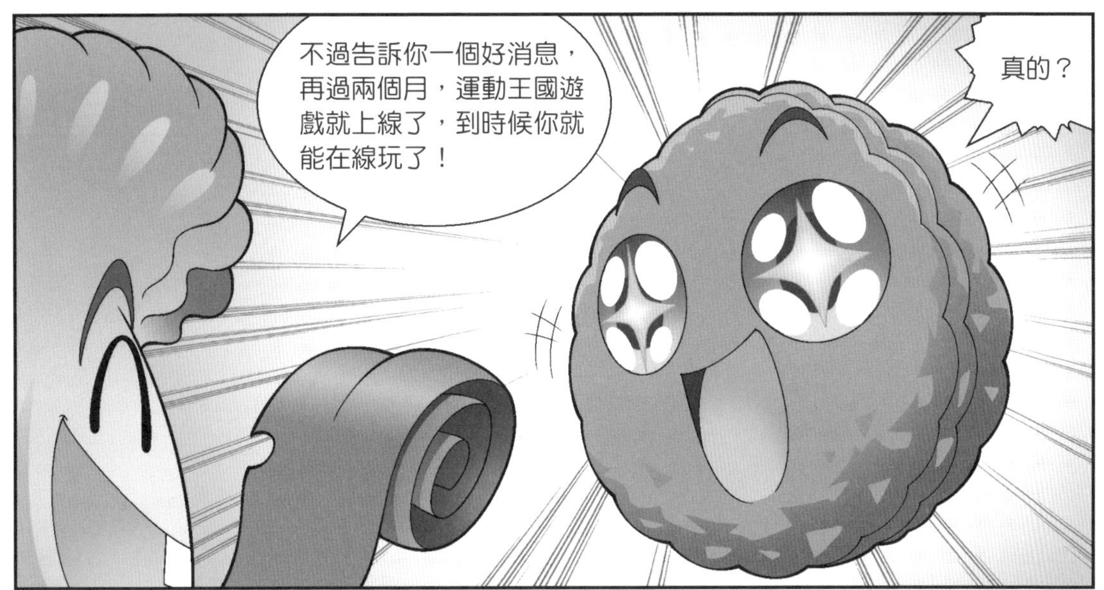
不過告訴你一個好消息，再過兩個月，運動王國遊戲就上線了，到時候你就能在線玩了！
真的？

當然，這是我從白蘿蔔那兒得到的消息。

我要回去玩運動王國、鍛煉身體了，你也要經常健身喲！
我送送你。

這些是……
這是火辣辣餐廳的外賣呀，你不是也經常吃嗎？

怪了，堅果和我吃了火辣辣餐廳的食物後，體脂都增加了。難道是因為……

植物醫院

你買了這麼多吃的呀！
別動！

這些是我買來檢測的。

豌豆射手、菜問，
快來幫忙，兒科門
診快被擠爆了！

這些患者
怎麼……
診
室
不知怎麼了，今天
突然多了好多手臂
脫臼的患者……

醫生，救
命啊！

你的手不是
挺好嗎？
一點也
不好。

我姪子的手一
點也不好。
你怎麼兩隻手
臂都脫臼了？

還不都是遊戲害的！
我玩的遊戲裏新增了一個「盪鞦韆」的挑戰。
「盪鞦韆」？

就是讓大人拉着自己的手「盪鞦韆」呀！

把「盪鞦韆」的照片上傳到遊戲後台，進行評選，最酷的可以得到500個遊戲金幣。
為了500個遊戲金幣，把自己傷成這樣……

你是他的家長？
我是他的鄰居，就是我帶他玩這個遊戲的……

誰知道「盪鞦韆」這麼危險哪！

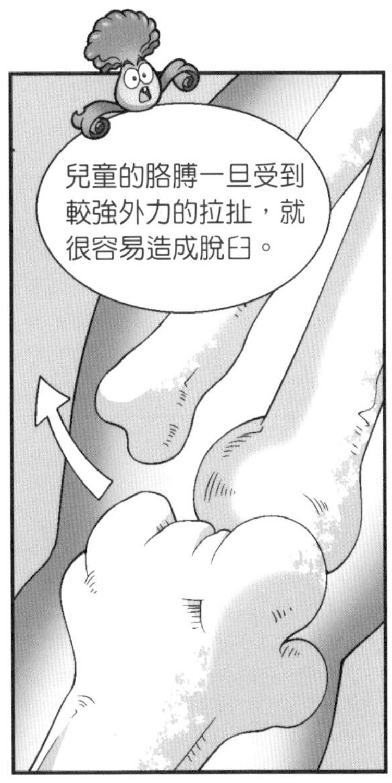
兒童的胳膊一旦受到較強外力的拉扯，就很容易造成脫臼。

兒童的關節還沒有發育好，肘關節和肩關節的關節囊、韌帶都很鬆弛，穩定性和保護性也很差。這種拉拽動作對他們來說非常危險。

甚麼遊戲這麼缺德呀？
就是這個。

這不是堅果玩的那款遊戲嗎？

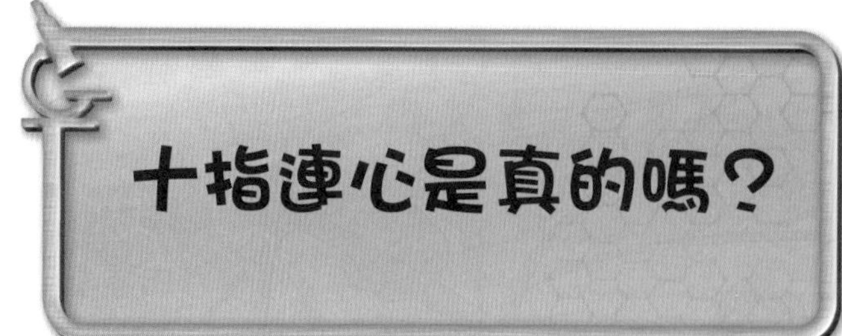

十指連心是真的嗎？

是的。
玩遊戲玩得手脫臼？

很多孩子都玩得入迷了，堅果也是。
最近植物鎮突然流行起一種和殭屍比賽的遊戲。

我？
老師，現在只有您能拯救大家了！

只要儘快讓運動王國上線，有了替代的遊戲產品，也許就能把大家從垃圾遊戲中解救出來了。
現在不行。

為甚麼？
難道您忍心看着大家被垃圾遊戲毒害嗎？
當然不是。

我說現在不行，是因為我現在肚子有點餓。

菜問，把你買的東西拿給老師吃吧。
不行。

我的這些食物是拿來檢測的。
看起來很可口哇！

唉——
怎麼樣了？

幸好我沒
吃呀！

這些食物裏的糖分和
熱量太高了，簡直是
披着健康餐外衣的垃
圾食品啊！
火辣辣餐廳

難怪最近我和堅
果的體脂率都超
標了。

火爆辣椒欺
騙消費者，
真可惡！
你要打電話
給堅果，提
醒他嗎？

我要打電話給
電視台，曝光
火爆辣椒的可
惡行徑。

老師，那遊戲的事……
現在上線不是不可以，但我在測試遊戲時，發現了一個漏洞。

要不先上線，我再儘快想辦法修補漏洞吧！
謝謝老師！

別擠！別擠！
火辣辣餐廳

今天為甚麼來了這麼多客人？

大家請進吧！

戴夫商店
前面這麼多人，甚麼時候才能排到我們哪？
慢慢等吧。
原來不是排隊吃飯的呀……

你們在幹嗎？
很明顯，在排隊呀！

火炬樹樁研發的運動王國遊戲今天開售，好多植物半夜就在這裏等着買了。

你們等餓了吧？要不要進來吃飯？
我們店有健康餐！
你一定沒看新聞……

你的餐館上電視了，你不知道嗎？
我的餐館名氣這麼大？

這麼大的事，我怎麼不知道呢？

這是我從火辣辣餐廳買來的食物。
這不是店裏的常客菜問嗎？他在幫我宣傳？
TV
我檢測了菜問在火辣辣餐廳買的食物，發現食物裏的含糖量和熱量都很高……
砰
您好，您的餐廳涉嫌欺詐消費者，請跟我走一趟。

火辣辣餐廳
唉，該來的終於來了……

自作自受，堅果要不是吃了你店裏的食品，也不會胖成現在這樣！

你前面那個植物好像有點奇怪。
哪裏奇怪？
戴夫商店

你沒發現他一直在玩手指嗎？
玩手指怎麼了？

俗話說「十指連心」，準確地說是「十指連腦」，因為手指的運動比較精細，所以手指在大腦皮層的感覺機能和運動機能中佔很大部分。經常活動手指，能延緩腦細胞衰老，提高腦力。

剛剛做的是手指併攏訓練，先將大拇指和食指併攏，同時將剩餘三指併攏；接着，大拇指、食指和中指併攏，同時將剩餘兩指併攏；以此類推……

哪些運動可以訓練上肢協調性？

好不容易排到這兒，我不甘心！
砰

太好啦，買到了！
運動王國

終於可以把這怪怪的衣服脫掉了。
戴夫商
運動王國

有殭屍！
是剛才玩手指的大頭菜！

他果然不
是植物！
臭殭屍，滾
出植物鎮！

你們看，我
是植物啊！
少騙人了！

我用榴槤味
臭暈你！
砰
砰
砰

砰
咚
运动王国

這殭屍真能忍，一聲都不吭。
是呀，他連榴槤味都不怕。

啪
砰

你們打錯人了……
撲
通
你們看，那殭屍跑了！
還把今天最後一盒遊戲買走了。
運動王國

買個遊戲，
差點連命都
沒了。
運動王國

嘀

嘿，歡迎進入運動王國！我是你的專屬運動精靈——瘋狂小戴夫。
這虛擬影像和戴夫一模一樣，還有觸感……
嗖

開始遊戲吧！
指令錯誤。
人臉識別顯示，你不是植物。

喂，是我花錢把你買來的，是不是植物有甚麼區別嗎？
對不起，本遊戲是火炬樹樁為植物研發的，非植物不得進入。

可惡的火炬樹樁！

我沒買到運動王國，堅果一定很失望。

唰

是那個殭屍！

站住！
嗒嗒嗒
唰
有暗器！
運動王國

還好我反
應靈敏。
咦，那不是……

運動王
國嗎？
運動王國

哥哥，你太讓
我失望了。
運動王國

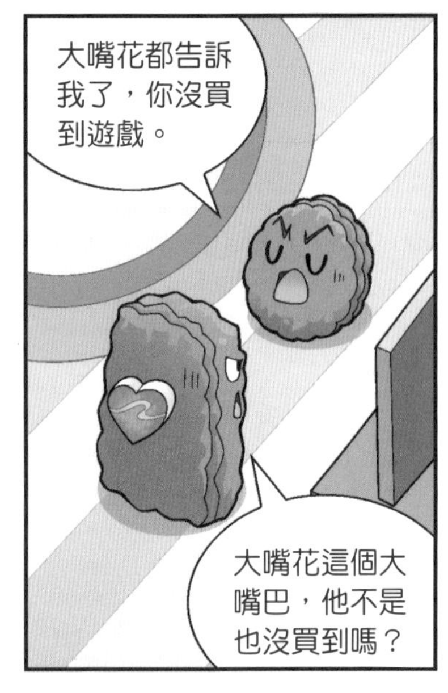
大嘴花都告訴我了，你沒買到遊戲。
大嘴花這個大嘴巴，他不是也沒買到嗎？

他去求了瘋狂戴夫，戴夫把樣品賣給他了。
這傢伙……

你好好看看，這是甚麼？
運動王國
運動王國！

我就知道哥不會讓我失望的！
運動王國

嘿，我是您的專屬運動精靈——瘋狂小戴夫。
我是堅果！

掃描中，請稍候。
唰
火炬樹樁升級遊戲了，菜問的都沒有掃描功能。

太好啦！

掃描結果顯示，你有上肢不協調的問題！

建議你去運動王國中的羽毛球城和乒乓球城進行挑戰。
羽毛球和乒乓球？
打羽毛球和乒乓球時，需要不停地運用手腕和手臂的力量握拍、揮拍，在撿球、接球的過程中，會不斷地彎腰、抬頭，能使腰部、腹部的肌肉得到充分鍛煉，增加身體的協調性。

我有個問題。
請問。

我可以多裝備幾隻手嗎？

幾隻手一起練習，我就能更快地挑戰運動王啦！
這個……

基於自己的實際情況進行鍛煉才有意義！

你還是靠自己的努力吧！

天下無難事，只怕有心人！
行啦！別絮絮叨叨的，我認真練習就是了……

膝蓋為甚麼容易受傷？

就因為識別不出你的臉，你就把遊戲扔了？

你是不是打遊戲把腦子打壞了？
謝謝誇獎，我會繼續努力的！

小鬼的腦子真壞了，好話壞話都聽不出來。
我聽出來了呀！

師父以前總說我「沒腦子」，現在說我「腦子壞了」，至少說明我有腦子了。

哈哈，你們別擔心，
其實我是故意把遊戲
留下的。

我在佈一個很
大的局……

啪！

沒事別學大
人說話！
博士別動氣，他
只是個孩子……

一會兒誇人，一會兒
打人，這些大人的腦
子才壞掉了吧。

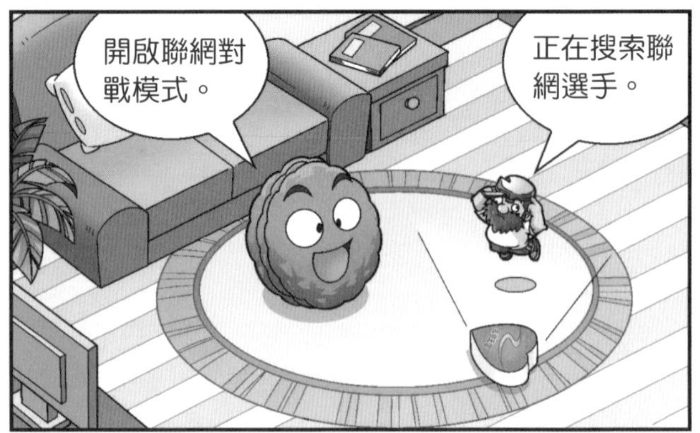
開啟聯網對
戰模式。
正在搜索聯
網選手。

叮

菜問！
是你呀……

跟我挑戰，你
要小心喲！
我才不怕
你呢。

想挑戰甚麼？
放馬過來！
還是讓系統
自動選吧。

免得你說我
欺負你。

嗖
嗖
嗖

爬山？

這也太簡
單了吧！
把簡單的事情
做好了，才叫
不簡單呢！

預備，
開始！

喂，你這是
耍賴！
咔
嚓
我前兩天剛扭
了膝蓋，今天
又扭了一下。
膝蓋確實很容
易受傷。
哎喲，我把
膝蓋扭了。
不嚴重吧？

膝關節的結構非常複雜，包括脛
股關節和髕股關節。除此之外，
膝關節中還有多束韌帶。它是人
體最大最複雜的關節，承載身體
大部分的重量，只要一個環節出
問題了，就會引發更大的問題。

怪我自己，只顧着比賽，忘記做熱身運動了。
我也心急了。

我這麼滾，也容易受傷。

為避免膝關節受傷，應該在運動前穿戴護具，做一些拉筋運動來熱身；在運動過程中，也要合理休息。
我們一樣都沒做到。
嗍

菜問呢？
系統異常，我們下線了。

怎麼沒反應了？
不會中病毒了吧？

哈哈

你真聰明，居然想到在遊戲裏植入竊密軟件。
昨天師父還說我腦子壞掉了，今天博士就誇我聰明，我又進步啦！

現在，我掌握了遊戲的所有數據，報仇指日可待啦！
太棒啦！

為甚麼要訓練爆發力？

再吃點吧。
不能再吃了。

我根據基礎代謝率公式，計算了每天需要的熱量，今天補充的熱量已經夠了。
基礎代謝率公式？

男性基礎代謝率 = 10 × 體重（公斤）+ 6.25 × 身高（厘米）- 4.92 × 年齡 + 5
女性基礎代謝率 = 10 × 體重（公斤）+ 6.25 × 身高（厘米）- 4.92 × 年齡 - 161
基礎代謝率是維持人體重要器官運作所需的最低熱量。男性和女性的基礎代謝率不一樣。

再繼續吃下去，
瘋狂小戴夫就不
准我進入運動王
國玩遊戲了。

我去運動王國
鍛煉身體啦！
有了運動王國，再
也不用擔心堅果的
健康問題了！

你來啦？
快幫我搜索菜問。
他的膝蓋好了，我
要和他繼續比賽！

收到了一條好
友申請，要同
意嗎？
好友？

對方是上次
和你比賽的
植物。
是菜問！

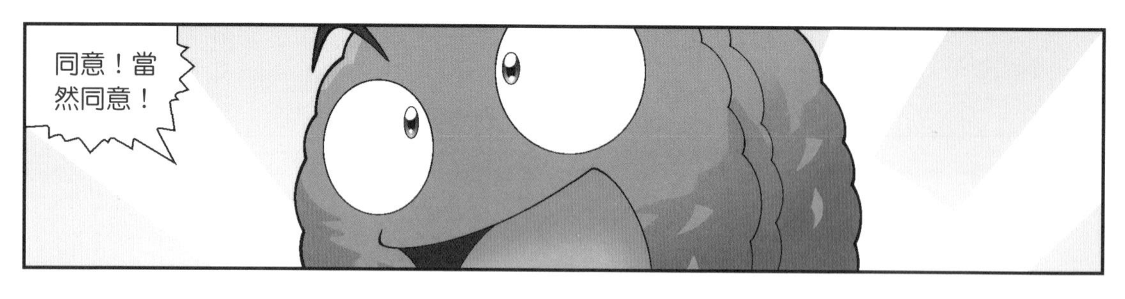
同意！當然同意！

唰—
唰—

菜問，終於等到你啦！
好久不見哪。

要比賽嗎？
當然啦！

進入爆發力對戰。

菜問今天怪怪的，好像很着急和我比賽……爆發力是甚麼意思呢？

爆發力是指人體在短時間內爆發出的力量，在起跑、起跳、投擲等很多運動中都起着重要作用。

所以，爆發力的練習是必不可少的。

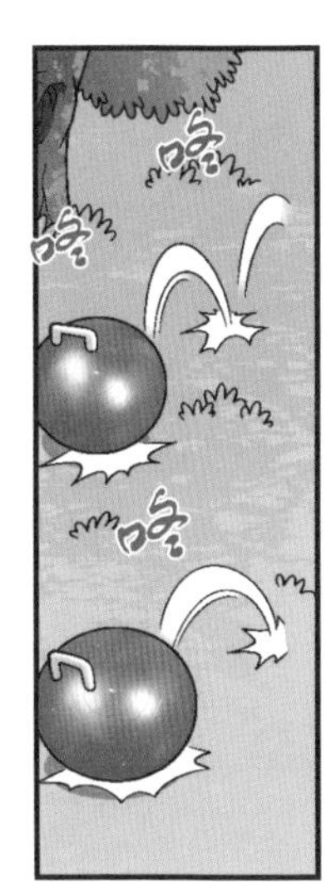

這個是……
健身球彈跳是訓練爆發力的一種方式。

準備好了嗎？
隨時奉陪。

一，二，三，開始！

噔
噔
加大馬力！
噔
噔
噔
菜問勝利，
獲得 3 顆能
量豆。
哈哈！我
贏啦！

菜問，你太
厲害了！
你想和我一
樣，成為運
動高手嗎？

想，做夢
都想！

那你回去
做夢吧。

說正經的，你剛
剛太酷了，快告
訴我祕訣吧！
好吧，看在我
倆是好朋友的
情分上。

其實，我在遊戲裏
植入了一種軟件，
這種軟件能保證我
場場獲勝。
還有這種
軟件？

我也想要！
我可以拷貝
一份，馬上
快遞給你。

你很快也能
成為運動高
手了。

菜問下
線了。

叮
咚
誰呀？

這麼快就送
過來了！

運動王國

軟件安裝中……

叮
軟件安裝
成功。
這麼簡單？

進入爆發力訓練。
好的。
唰
嗖
嗖——
咚
挑戰完成，堅果，你可以下來了。
啊，等一下！速度太快了，我有點暈……
00:00:3
3 秒跳 50 米，恭喜完成訓練任務，獲得 3 顆能量豆。

為甚麼運動高手都重視腿部訓練？

太沒成就感了。
忘了告訴你，我是一名醫生……

開始跳深訓練。

跳深是從高台下落，接着馬上進行再次跳躍的訓練動作，動作速度快，但是阻力小。

這個對我來說太簡單啦！

嗖

加油！

完成挑戰，獲得
3 顆能量豆。
再過一段時間，
你就能挑戰無敵
運動王啦！

對了，菜問，你
要不要看一下遊
戲排行榜？
排行榜？

今天的排
行榜有點
異常。

前三名還是白蘿
蔔、我和豌豆射
手，哪裏出問題
了嗎？
1
2
3
4
你看一下
第四名。

第四名居然
是堅果！
昨天堅果還是
倒數第一呢。

難道他最近加
強訓練了？

起牀鍛
煉啦！
別煩我，我的
目標不是已經
達成了嗎？

你還有
目標？
當然有，我的
目標是不做倒
數第一。
所以我一直
保持倒數第
二的成績。
NO. 19999
我怎麼成倒
數第一了？
但你現在連倒
數第二也保不
住了。

不可能！昨天倒數第一還是堅果呢！
今天堅果已經上升到第四了。
NO.1999

來電話啦！

喂，誰呀？
你你你……你是不是基因突變了？

用這麼個 USB，就可以躺着增加能量？
是呀，看我的比分就知道啦。

我不信！你示範給我看看。
嗯。

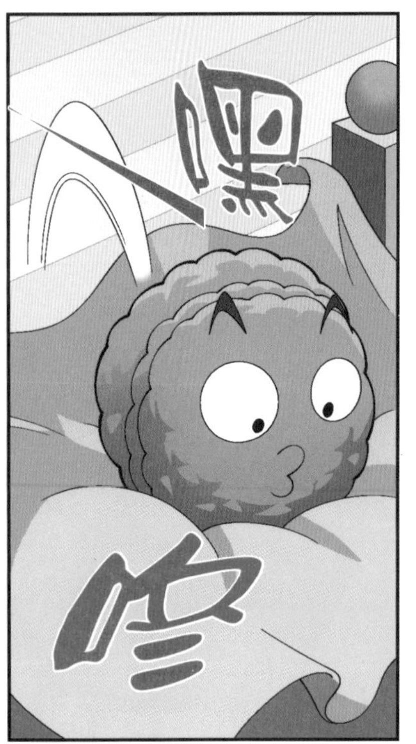
嘿
咚

這樣行了吧？
我是讓你示範怎麼增加能量，不是示範怎麼躺……

增加能量這種事
呀，只可意會，
不可言傳。

把 USB 拿回去，
用了就知道。
用了它，就能成
為運動達人？

肱三頭肌有甚麼作用？

菜問，不好了。
怎麼了？

你現在是排行榜倒數第一了！
甚麼？

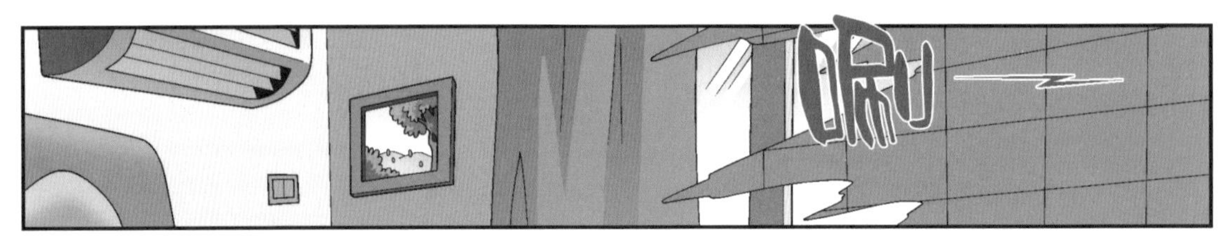
嘣

大家練習真刻苦哇！
嘣 嘣 嘣
一夜之間，你和白蘿蔔、豌豆射手都墊底了。

一定是哪裏
出錯了。

嘿，菜問！
堅果……

你的軟件太好
用了，現在大
家都用上了。
軟件？

甚麼軟件？
前兩天你快遞給我的那個呀！

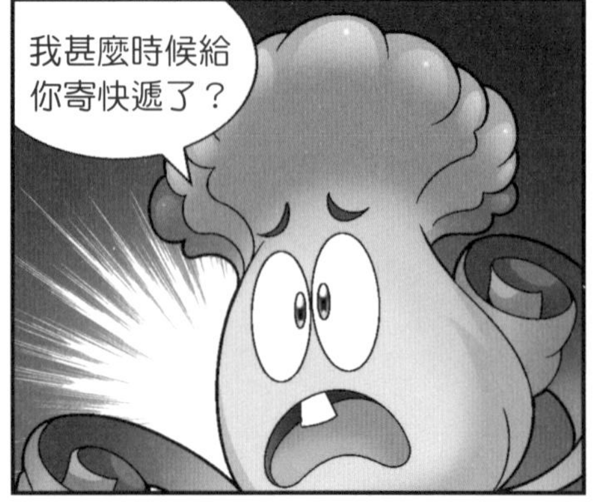
我甚麼時候給你寄快遞了？

植物們的運動王國混亂啦！
果然不出我所料。

我只不過略施小計，用菜問的形象登入遊戲，堅果那傢伙就上當了。

而且我本來以為，要很長時間才能讓植物們用上作弊軟件，沒想到懶惰的植物那麼多！
這樣植物們不運動也能通關，久而久之，長期缺乏運動的植物們一定完蛋啦！

啪

小孩子別搶大人台詞。

博士，這麼強大的軟件，你是怎麼在這麼短的時間內開發出來的？
這軟件不是我開發的。

是一個神祕人給我的。

火炬樹樁老師，
不好啦，有人用
作弊軟件！
菜問也發現
問題了。

早上起牀，我發現
排名不對，就來找
火炬樹樁老師。
唉，作弊軟件
利用了遊戲中
的漏洞。

都怪我，我早就
發現了遊戲有漏
洞，可還是讓它
上線了。
老師，這事
應該怪我。

是我執意讓您上
線遊戲的。
你們就別自責了，
快想辦法把漏洞
修復吧！

系統漏洞被作弊
軟件攻擊，現在
更難修復了。
那怎麼辦？

我需要閉關一
段時間，仔細
研究修復漏洞
的方法。

閉關前，你
們要答應我
一件事。
別說一件事，一
萬件都答應。

你們一定要答應我，
不管發生甚麼，都要
認真鍛煉身體，不准
作弊。
好。

剩下的 9999 件，
我暫時想不出來，
以後再說吧。
您還真想讓我們答
應一萬件哪！

開始肱三頭
肌訓練。

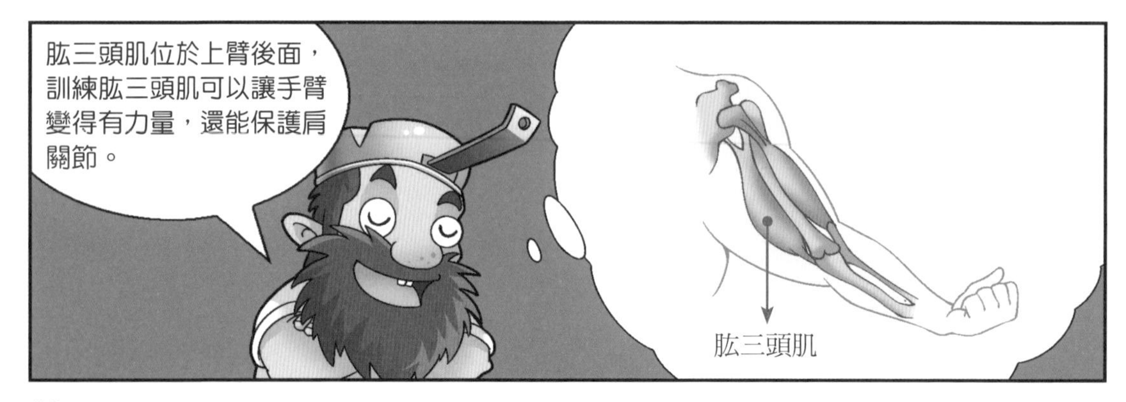
肱三頭肌位於上臂後面，
訓練肱三頭肌可以讓手臂
變得有力量，還能保護肩
關節。
肱三頭肌

而且，肌肉發達的人，心肌也會相對健康，心腦血管疾病的發生概率會大大降低。
趕緊開始吧！

一二、一二……
嘣
嘣

訓練肱三頭肌的常用方法是掌上壓。掌上壓挑戰，現在開始。

任務……
完成……
啪
啪
啪

叮
您的好友
上線了。

有了軟件，升級
簡直太容易啦！

堅果，不要用
作弊軟件啦！

用作弊的方式
提升排名，不
是英雄好漢。
我不想當英
雄好漢。

我只想當排
行榜第一。

不服氣的話，
你也用作弊軟
件呀！
我才不要用
那種東西！

沒說兩句就下
線了，連聲道
別都沒有，真
是的……

不過，如果 USB 不
是菜問給的，那會是
哪位給的呢？

大腿後側肌羣是人體力量的發動機？

第2天
白蘿蔔，
好消息！

菜問的努力有結果了，我們也要加油呀！
咦？

昨天從火炬樹樁老師家回去後，菜問苦練身體，已經追到第59名了！

可短時間內進行大量運動，會有生命危險的呀……

唰

菜問，你沒事吧？
我很好呀！

你是怎麼在這麼短的時間裏，衝到 59 名的呀？
這個嘛……

我和火炬樹樁一樣，也閉關了！

感覺菜問怪怪的……

他下線了。

哈哈哈，我終於
坐上了無敵運動
王的寶座！

不就多了個披風
嘛，看起來也沒
多厲害呀……
沒多厲害？

厲害嗎？

厲害，簡直
太厲害啦！
通過高科技入侵運動
王國遊戲系統，修改
遊戲代碼，博士真英
明啊！
多虧神祕人的幫忙，
強強聯手，我才能所
向無敵。

博士，那個
神祕人究竟
是誰呀？

他是……
又是你們！

火炬樹樁？
幾個月前破壞我的泳池系統，現在又來破壞我的運動王國！

看招吧！
上！

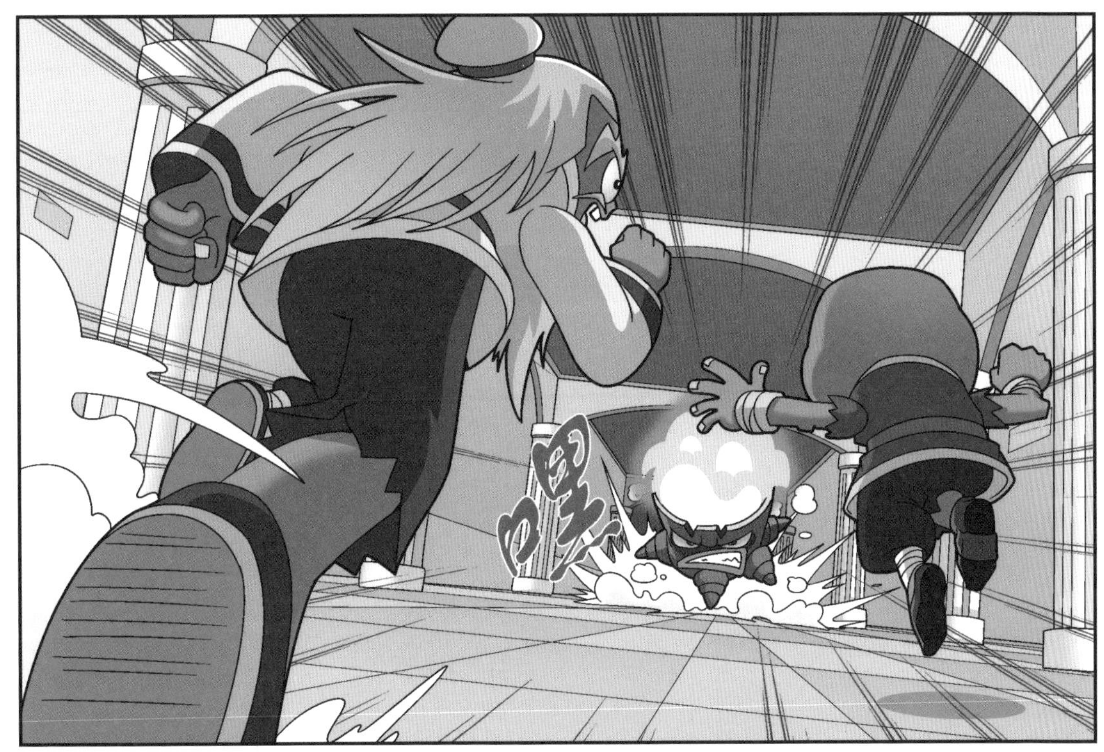
嘿

哈！

這傢伙的腿功真厲害。
那是因為我經常訓練大腿後側肌羣。

很多常見的健身動作都需要大腿後側肌羣發力，它是非常重要的有爆發力的肌羣，堪稱人體力量的發動機。

不過硬舉這種運動比較劇烈，你們小朋友可不要輕易嘗試喲！
我一把年紀了，你居然說我是小朋友！
他說的應該是我吧……

嘿，少廢話！

你的肌肉再厲害，有我的厲害嗎？

嘿

還不認輸？看來你沒摔夠哇！

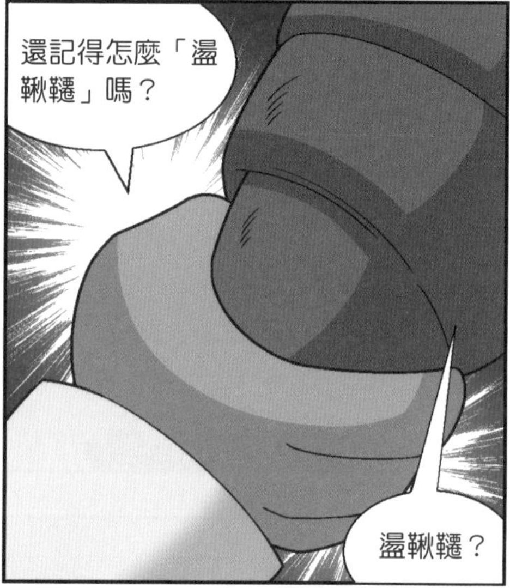
還記得怎麼「盪鞦韆」嗎？
盪鞦韆？

原來發明那個垃圾遊戲、毒害大家的也是你！
嗡
嗡
嗡

咚

把這傢伙關進遊戲中的禁閉室。
是！

快點走！

有辦法了！

如何科學地進行力量訓練？

但是，難道我們
就等着挨打嗎？
先別着急。
現在我們已經破解
了成為無敵運動王
的代碼。
再過一段時間，所
有植物變得懶散、
不愛運動時，再毀
掉作弊軟件。

到時候，體力虛弱
的植物們一定比不
過無敵運動王，我
們就能勝利啦！
又搶我
台詞。

先看看遊戲排行榜
吧，植物們有了作
弊神器，排行榜上
一定競爭激烈。

博……博……
博士……
怎麼了？

你看！
混戰模式？
混戰模式

下面還有一條通知。

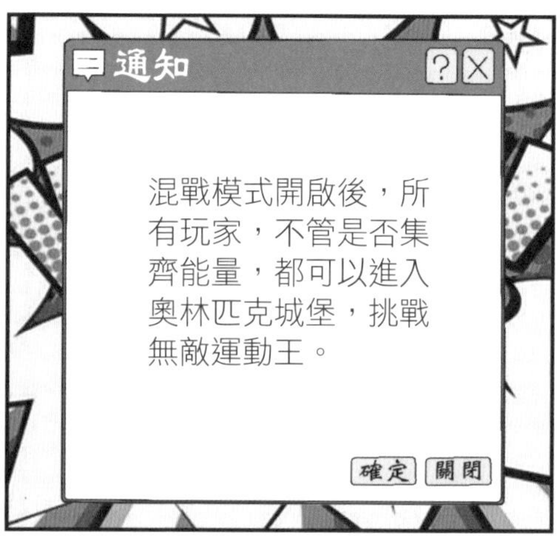
通知
混戰模式開啟後，所有玩家，不管是否集齊能量，都可以進入奧林匹克城堡，挑戰無敵運動王。
確定
關閉

我想起來了，我們在押送火炬樹樁去禁閉室的路上，火炬樹樁按了牆上的一個按鈕。
對，他當時說那是開燈的按鈕。

笨蛋，那一定
是開啟混戰模
式的開關！

還不快進遊
戲裏，關閉
混戰模式！
是，我們
這就去。

咦，按
鈕呢？
我記得明明在
這裏呀……

完了，按鈕一
定被火炬樹樁
隱藏起來了。
快叫博士
進來！

挑戰無敵
運動王！
挑戰無敵
運動王！
我要向你
宣戰！
無敵運動王，
給我出來！
這就是奧林匹
克城堡呀，太
壯觀啦！

給我出來！
博士，現在
怎麼辦？
別慌，我已經讓
神祕人加緊毀壞
作弊軟件了。

植物們就要打進
來了，我們的時
間不多了呀！

這樣吧，你們先在這裏頂一會。我先下線，去給神祕人當幫手，加快破壞作弊軟件。
就我倆？

記住，頂不下去的時候，就放聲唱歌！

唰
博士剛剛說唱歌是甚麼意思呀？
我也沒聽懂……

他們進來了！
砰

無敵運動王，跟我想象中的有點不一樣。
居然是殭屍！

想挑戰無敵運動王，先過了我這關！
他們是真的殭屍，不是無敵運動王！
先打敗他再說！
嘿

喂，不是奧林匹克比賽嗎？怎麼變成武林大會了？
孤陋寡聞！跆拳道也是奧林匹克運動會中的一項！
還有擊劍也是。
唰
他們有作弊軟件，力量太強，怎麼辦？
撐不住啦！

對了，博士說了，頂不住就唱歌！

快唱吧，隨便唱幾句！
可我五音不全哪！
別管了，先吼兩聲再說。

喔喔——
真夠難聽的！

啊——

博士真是料事如神！
他怎麼知道師父唱歌
這麼難聽？

受不了啦！

那邊有個小
房間……

砰

菜問？
老師？

您不是在
閉關嗎？
說來話長，總之我被
未來殭屍博士關進了
這個禁閉室。

未來殭屍博士
也在遊戲裏？
是的。

這門連我都踢
不開，你是怎
麼踢開的？
我……我最
近在進行力
量訓練。

你是怎麼
訓練的？

我進行了簡單有效的
肌肉運動訓練，比如
掌上壓、深蹲、平板
支撐等。
你的訓練效
果有些異乎
尋常……

不對呀，難
道你……

唉，實話實說
吧，我也用了
作弊軟件。
你不是答應
我不用那種
東西嗎？

我沒經得住誘
惑，就體驗了
一下……

我先天條件好，
用了作弊軟件以
後，能量增加得
比一般人快……
這種訓練結果
都是假像！

一旦軟件失效，你
就會被打回原形！

卡路里能燃燒嗎？

臭小子，你是在
標榜自己唱歌比
我好聽嗎？
嗍
嗍
博士，你
回來啦！
我不是你們
的博士。

我只是借用了
他在遊戲裏的
形象而已。
那你是……

一定是神
祕人！

我和博士已經摧
毀了作弊軟件的
聯網功能。
太好啦！

請問你的身
份是……
現在還不能說，
等我打敗了火炬
樹樁，你們自然
就知道了。

那我們博
士呢？
按照他的要求，
我在遊戲裏給他
創造了新形象。

你這個壞人！
言而無信！
啊？錘子殭屍
的錘子有特異
功能了？

我說要成為最結實的角色，不是變成一把錘子！
錘子不是最結實的嗎？
博士在遊戲裏的新形象是錘子？！

博士，我能用你砸核桃嗎？
離我遠一點！

未來殭屍博士，我們要挑戰你！

植物們真是賊心不死呀！

信不信我繼續唱歌？
哼！

你儘管唱，火炬樹樁剛才給我找了耳塞，隔音效果特別棒。
火炬樹樁？他不是被我們……

不好！
小鬼，你去哪裏呀？

沒事，作弊軟件已經失效，他們贏不了我的。

說吧，你們想比甚麼？
他們戴上耳塞了，聽不見你說話。
耳塞只剩三副了，我沒分到……

可我不怕你。
就比燃燒卡路
里，來吧！

好，那就
來吧！

咦，卡路里還
能燃燒嗎？

燃燒卡路里是一種生動的說法。卡路
里是能量、熱量單位。我們所有人都
應該多運動，消耗身體多餘的熱量，
讓身體更健康。

你們挑健身器材吧。
白蘿蔔、豌豆射手、菜問，要比賽啦！
啊，你說甚麼？

我說要比賽啦！

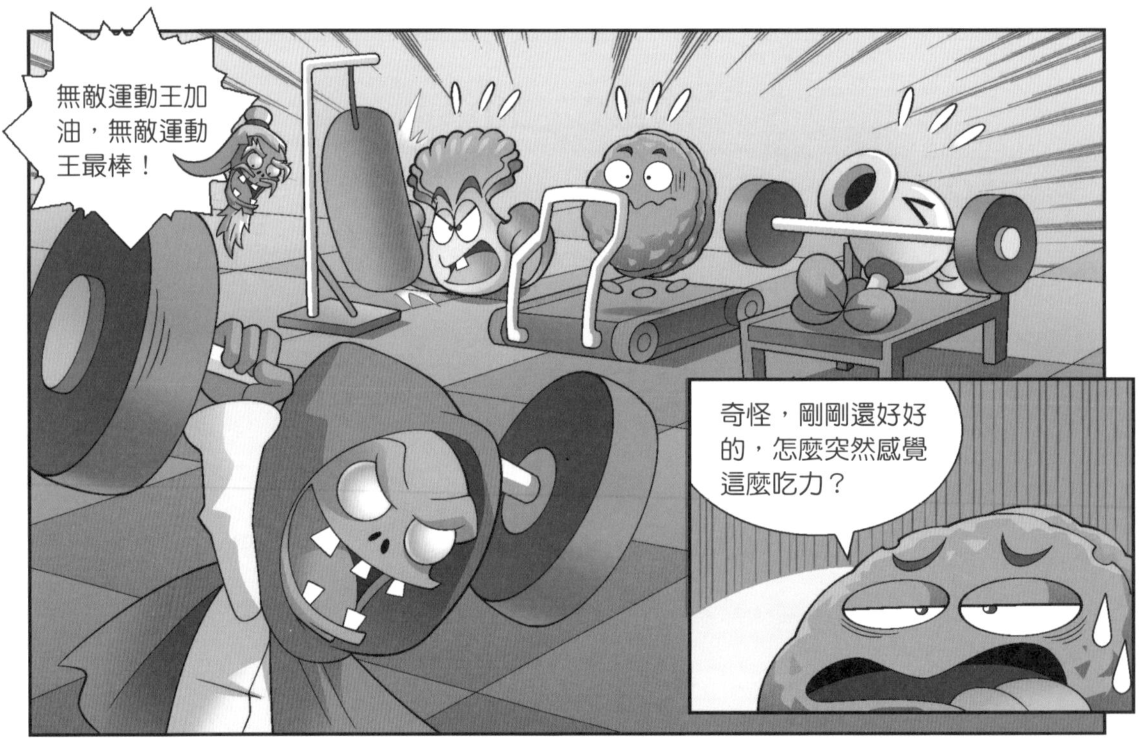
無敵運動王加油，無敵運動王最棒！
奇怪，剛剛還好好的，怎麼突然感覺這麼吃力？

小子，堅持不下去了吧？作弊軟件是我發明的，現在它已經被摧毀了。

以前你們依賴軟件好吃懶做。以你們現在的體能，根本比不過我！
可惡的未來殭屍博士！

不不不，我可不是未來殭屍博士！

但我比未來殭屍博士還要討厭你們！
我才是博士！

營養不良有甚麼危險？

我不行了。

菜問、白蘿蔔，我也不行了。

糟糕。
白蘿蔔，我們一起加油！

未來殭屍博士還是很輕鬆的樣子，我們這樣比下去不是辦法。

啦啦啦——

認輸了吧？

解決了三個，
還剩一個。
我……也撐不下去了。

不好啦！我剛去了一趟禁閉室，發現火炬樹樁被救走了。
一定是他們幾個幹的。

你們去跟火炬樹樁說，要比賽，讓他自己來，別派歪瓜裂棗來。
你！火炬樹樁老師不必親自出馬，他有更重要的事情……

這個殭屍博士說自己不是殭屍，卻對火炬樹樁敵意那麼深，他到底是誰？

未來殭屍博士要單獨和我比賽？
嗯，但不是真正的未來殭屍博士。

真正的未來殭屍博士在遊戲裏變成了錘子殭屍的錘子。

假博士的體能太厲害了，我們根本比不過。
看來，只能啟動應急方案了。

應急方案？

你們每次進入遊戲，身邊都跟着一個小精靈。對吧？
是呀，它叫瘋狂小戴夫，和戴夫長得幾乎一模一樣，只不過是迷你版的。

我當時設計遊戲時，除了設計無敵運動王之外，還設計了一個無敵運動精靈。

現在只有它能和無敵運動王匹敵了。
它在哪兒？我們現在就去找它！

它在城堡的祕密地宮裏。為了防止所有玩家都去找無敵運動精靈，引起混亂，所以我設置了祕密關口，只允許兩個人進入地宮。
我去！
我也去！

我和菜問去吧。我是健身教練，運動的事情，我比較在行。
讓我去吧，要不是我把作弊軟件傳給大家，也不會鬧出這麼多事情。

堅果和我都犯過錯，就讓我倆去吧，也算將功補過。
好吧！

其他人跟我一起，去拖住那個假博士……

嗖
嗖

火炬樹樁老師說的關口就在這裏了。

唰

呼

看，無敵運動精靈在那兒！
它看起來很虛弱，一點也不像無敵的樣子呀。

你是無敵運動精靈嗎？
我是。

太好了，城堡被壞蛋控制了，我們一起去趕跑壞蛋吧！
現在不行。

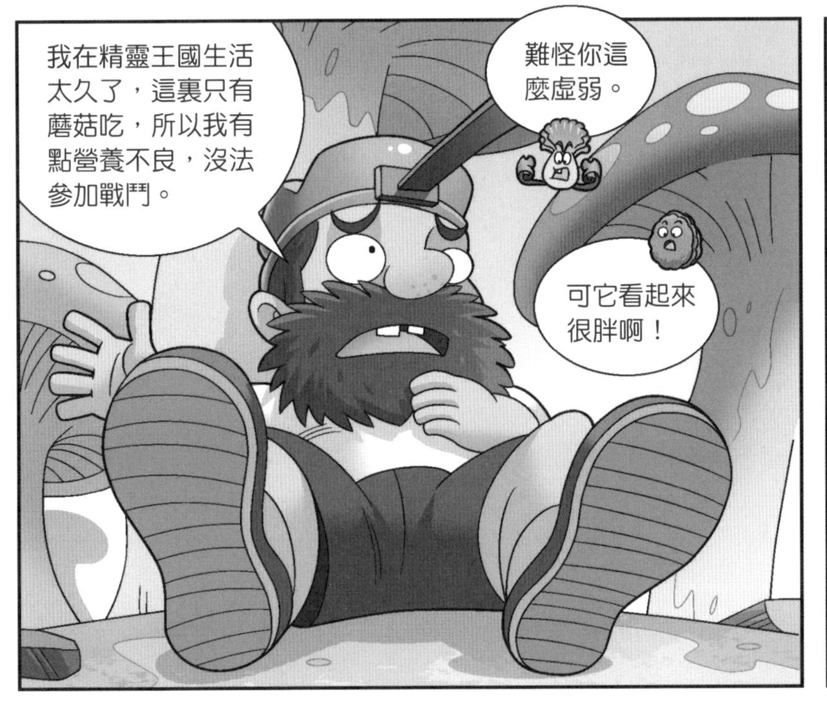
我在精靈王國生活太久了，這裏只有蘑菇吃，所以我有點營養不良，沒法參加戰鬥。
難怪你這麼虛弱。
可它看起來很胖啊！

這不是胖。當人體不能從食物中攝取能量時，會先分解脂肪，接着分解肌肉中的蛋白質。長期缺乏營養會導致血漿蛋白減少，身體裏聚集大量液體，出現浮腫。

長此以往，會造成心力衰竭，甚至死亡。
那我們趕緊帶它回植物醫院，輸營養液吧。

植物醫院是現實世界，你把遊戲世界和現實世界搞混了。
對呀，這裏是遊戲世界……

有了！

召喚運動精靈幹嗎？
混戰模式中，我們各自的運動精靈是隱身的，現在我要把它召喚出來。

瘋狂小戴夫快出來！
待會你就知道了。

把我的能量豆全都轉給無敵運動精靈吧！
你瘋啦？

我的能量槽裏有多少能量豆？
一共有98顆。

能量都轉給別人了，你自己怎麼辦？
我的能量本來就是通過不正當手段得來的，現在我要把它用在正當的地方。

瘋狂小戴夫，開始轉吧。
好的。

唰
轟
唰
堅果別走……

增強體質有哪些妙招？

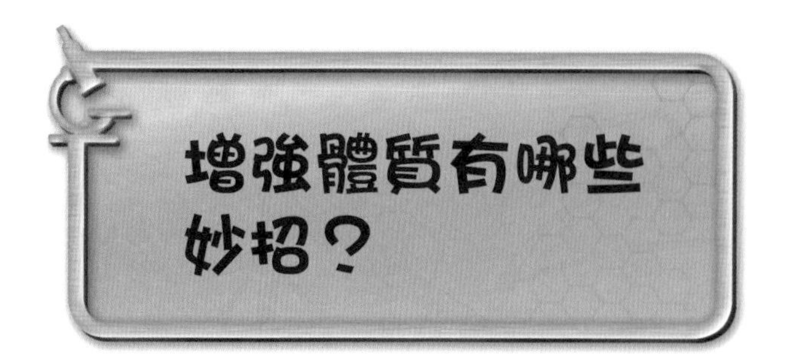
增強體質有哪些
妙招？

你終於
來了。
你到底是誰？為
甚麼要處心積慮
地傷害植物鎮的
居民？

我害了
你們？

明明是你們自
己害了自己。
你們不運動，就想
擁有強健的身體；
一味追求口感，還
想得到健康……

要不是為了迎合你們，我也不會打着健康餐的旗號去賣垃圾食品，結果落得個店鋪被查封的後果！
健康餐？

你是火爆辣椒！
你還算聰明。

沒想到吧，我除了是一名廚師，還是一名黑客！
你毀了我的餐廳，我也要讓你嚐嚐親手研發的遊戲被毀滅的滋味！

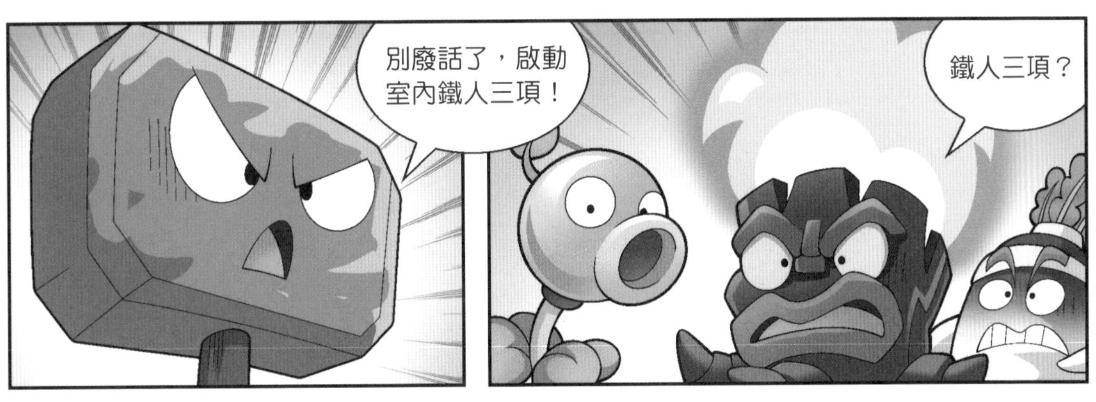
別廢話了，啟動室內鐵人三項！
鐵人三項？

鐵人三項由天然水域游泳、公路單車、公路長跑三項組成，運動員需要一鼓作氣比完全程。
它是高強度的耐力競賽項目，對運動員的體力和意志考驗巨大。

哈哈，怕了吧？誰讓你們平時不注重增強體質的。

在店被封的這段時間，我一直堅持鍛煉，充足睡眠，均衡飲食。
鍛煉可以增強循環，充足的睡眠和均衡飲食能夠增強免疫力……
別廢話了，趕緊開始比賽吧！

連送死都這麼積極，那我就成全你們！

嘟ㄌ

鐵人三項比賽，開始！

嘩嘩嘩嘩

拼了！

火炬樹樁還
真是老當益
壯啊……

嗖
嗖

植物們這是不
要命了嗎？
啊——

博士加油！
博士最棒！
加甚麼油？
快唱歌呀！

我師父唱歌了！
喔喔喔——

可惡，他們戴了道具耳塞，聽不到！

我們一起大聲唱！
好！

啦啦啦——

這是甚麼設置？
一唱歌我就變得
又高又大！
你別唱了，房子快
被你頂塌了。先幫
我攔住他們！

轟

我來了！

嘿！

你們犯規了！
對付你們這些壞人，不需要講規矩。

嗖
嗖

嘿！

嘀

唰

無敵拳！
砰
轟

嗖

菜問，挑
戰成功！

呼

呼
哈哈，火爆辣椒
被打回原形了！

菜問，恭喜你
成為新一代無
敵運動王。
我？

是呀，挑戰成功的玩家將自動成為新一代無敵運動王，並且可以在遊戲裏實現一個願望。
菜問，你的願望是甚麼呀？

我的願望是——關閉遊戲！

我希望所有玩家都能走出家門，呼吸新鮮空氣，在大自然中鍛煉身體，而不是整天對着電腦。
我支持你！

運動王國遊戲關閉！

植物鎮

準備好了嗎？
準備好啦！

這次是在現實世界，我一定不會輸給你。
不一定喲。

我先走一步啦！

遊戲不能賣了，接下來做甚麼好呢……
又來這招？

（未完待續……）

正確的體態

體態是指人體的姿態，包括站姿、坐姿、步姿等。不正確的體態不僅影響我們的形象，還會威脅到我們的健康。人體的血液循環、呼吸系統、內臟器官等都會因為不正確的體態而受到影響。那麼，甚麼樣的體態才是正確的、科學的、健康的呢？

正確的站姿

正確的站姿會給人一種挺拔、積極、幹練的感覺。我們可以照着鏡子看一下自己的站姿是否正確。簡單來說，從正面看，我們的身體整體是對稱的，頭部要正，兩耳等高，左右肩膀持平，雙腳與肩同寬或併攏，腹部肌肉緊縮，腰部與髖部不要過度地向前或向後用力。

養成良好站姿最簡單的方法就是貼牆站立。每天堅持以正確的站姿站立 10 分鐘，你的身體會有令人驚喜的改變。

正確的坐姿

坐姿對健康影響非常大。我們除了睡覺和走路，其餘大部分時間都坐着，尤其是學生。長時間低頭趴在桌上、身體側彎、癱坐，或者兩腳交叉、翹二郎腿等，都是不正確的坐姿，長此以往不僅會駝背、脊柱側彎等，還會導致近視、斜視等後果。少年兒童正處於發育階段，不正確的坐姿還會阻礙骨骼的生長。

甚麼是正確的坐姿呢？保持上半身挺直，也就是頸、胸、腰都要保持平直；屁股至少坐到椅子面的 2/3，背部可以輕靠椅背；兩腿自然向前平放，與肩同寬；頭部端正，兩肩放平；腰挺直，身體可以稍稍向前傾；腹部不要靠在桌上，應與桌沿保持一拳左右的距離。寫作業時，書本平放桌上，兩臂放鬆張開，一手拿筆，一手按紙，眼部距筆尖約 25 厘米。最好每坐 40 分鐘左右，就站起來活動一下，放鬆脊柱旁的肌肉和韌帶，減少久坐帶來的危害。

正確的步姿

正確的步姿應當身體直立，收腹直腰，兩眼平視前方。邁步時雙臂略彎曲，在身體兩側自然擺動；膝蓋伸直，跨步不宜太小或太大，以舒適為宜。行走時身體的重心不要只停留在單腳，頭部也盡量不往前傾。走路時不要低頭玩手機，這樣不僅很危險，而且會給頸椎造成非常大的壓力。

怎樣知道自己的步姿是否正確呢？其實，看鞋底是最直接的方法。正確步姿帶來的鞋底磨損主要集中於前腳掌中部及腳後跟，左右兩隻鞋是對稱的。如果磨損集中在鞋底外側，很有可能是「O 型腿」，也就是膝外翻；如果集中在鞋底內側，則有可能是「X 型腿」，又叫膝內翻。不正確的走路方式會對腳踝、膝蓋等產生不良壓力，很容易發展成「O 型腿」和「X 型腿」，甚至引起骨骼關節的病變。

力量訓練

力量訓練是通過多次有節奏的負重練習，達到改善肌肉羣力量的運動方式。力量訓練有助於燃燒熱量，提高新陳代謝率，並能改善情緒，釋放壓力。但值得注意的是，由於少年兒童尚未發育完全，所以專家不建議做過多強度過大的力量訓練。

力量訓練的好處

1. 增強肢體力量　研究表明，長期的力量訓練可以使人體的力量負荷提高30%－50%，會讓一些需要體力的活動變得輕鬆起來。此外，力量訓練還可以幫助改善人體的平衡力、柔韌性和協調能力。

2. 防止過胖　力量訓練在燃燒脂肪的同時會形成肌肉，並促進人體的基礎代謝，使人形體勻稱，不易發胖。

3. 緩解疲勞，釋放壓力　力量訓練和其他運動一樣，會促進人體釋放內啡肽。這種激素具有放鬆神經、止痛等作用，還可以產生興奮感和舒適感，有效減少緊張和焦慮。此外，力量訓練還可以減少肌肉痠痛和肩頸疲勞，對於久坐的人十分有益。

人體知識小百科

在家中也可以做的力量訓練

1. 掌上壓 掌上壓是最傳統、最簡易的力量訓練之一，而且對場地要求不高，比較方便進行。掌上壓主要訓練的是上肢、腰部以及腹部的肌肉，特別是人體的胸大肌，還可以增加人體的力量，對發展平衡能力和支撐能力也有積極作用。

做掌上壓時，雙手略寬於肩，雙腳併攏，挺胸並收緊腰部和腹部，然後屈肘讓重心緩緩下降至胸部距離地面 1 厘米，靜止片刻，再集中胸大肌的力量快速撐起來。很多人只重視撐起階段，而身體下降時只藉助地心引力，沒有使用全身力量讓身體緩緩下落，這樣訓練效果會大打折扣。初學者可以每次做 10－15 下，之後循序漸進，逐次增多。如果一開始無法完成標準的掌上壓，可以先從扶牆掌上壓、跪式掌上壓做起。

2. 仰卧捲腹 仰卧捲腹是鍛煉腹肌的基礎動作，比我們熟知的仰卧起坐更加安全有效。捲腹前，保持背部平坦，最好躺在地上或瑜伽墊上，而不是柔軟的牀上；兩腿併攏，大腿與小腿呈 60° 彎曲，兩腳平放於地面；兩手交叉放於胸前或輕貼於兩側太陽穴處，放鬆頸部肌肉。捲腹時，腹部充分發力，向前捲曲上半身，使身體呈蜷縮狀態，背部下半部分不要離開地面；上半身捲起到最高點後，停頓兩秒，下落至肩部着地，但頭部不貼地，這樣重複進行。起身稍快、回躺稍慢，會帶來更好的效果。初學者一般 20 個為一組，每次 2－3 組。熟練者可進一步進行 90° 捲腹、反向捲腹、球上捲腹等強度較大的捲腹訓練。

3. 平板支撐 平板支撐是力量訓練中增強核心肌羣肌力最好的方式之一。所謂核心肌羣，就是指位於腹部前後環繞着軀幹、負責保護脊椎穩定的重要肌肉羣，主要是由腹直肌、腹斜肌、下背肌和豎脊肌等組成的肌肉羣。

核心肌羣的訓練在整個體育訓練中十分重要，因為它能夠幫助我們上半身保持直立，可以從根本上提高我們的運動能力。此外，平板支撐還能夠減少背部和脊柱受傷的風險，並改善我們的體態。

平板支撐最好也在地面或是瑜伽墊上進行，需要全身俯卧，兩腳分開與肩同寬，雙肘關節支撐於地面上，上臂垂直於地面，使身體離開地面。用腳趾與前臂支撐身體的體重，腰腹收緊，使頭部、肩部、髖部和踝部保持在同一平面，同時臀部不高於肩部。一組保持 60 秒，每次四組。平板支撐看似簡單，但其實對手臂、腰部的肌肉有很高的要求，初學者要量力而行。

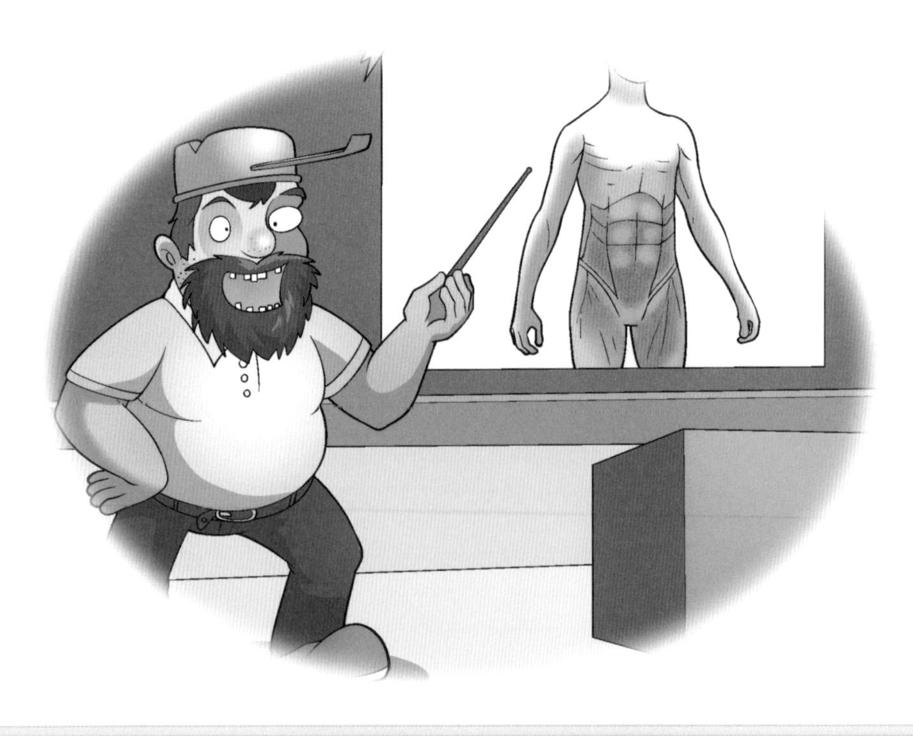

人體的協調性

人體的協調性是指利用神經系統和骨骼肌肉系統互相協作配合，流暢、精確、高效地完成一個動作的能力。它要求身體肌羣的動作時機準確、速度恰當且流暢。人體的協調性不僅和遺傳、心理有關，還與人體的肌耐力、平衡性、柔軟度等有很大的關係。

人體的協調性與我們的生活息息相關。最重要的一點，它可以幫助我們更安全地完成日常生活中的動作或體育活動，降低意外傷害的風險。生活中我們會發現，當突然有足球飛來的時候，有人能躲開，有人躲不開，身體的協調性在其中起了很大作用。

其次，大多數的運動都需要依靠身體的協調性來完成，例如籃球、羽毛球、游泳、賽跑等。良好的協調性可以使運動更高效，也會使我們更快地學會一項新運動。

最後，協調性也與學習生活有關，例如手眼的協調性就對學生至關重要。學生上課時要邊看黑板，邊做筆記，字要寫得工整。如果經常出現抄寫錯誤、書寫歪斜等情況，就可以考慮跟手眼協調能力不足有關。

提高協調性的小方法

1. 抬腿拍掌 站在平地或瑜伽墊上，先抬起左腿，將雙手繞至左腿下，雙手拍擊一下，然後收左腿的同時雙臂打開平行。再抬右腿，將雙手繞至右腿下，雙手拍擊一下，再收腿、雙臂打開。這兩組動作不斷重複 10 次左右即可。注意腿向上抬起時不用過高，做的時候要使動作連貫，熟練後可以加快速度。

2. 變向跑練習 選擇一處平穩的跑道，向前衝刺 5 米，接着快速倒退 3 米，重複這個過程即可。也可以先向左側衝刺 5 米，再轉向向右側衝刺 3 米。或者請人幫忙，在你跑步時給予你變向或突停的口令，讓身體迅速做出反應，更能達到訓練協調性的效果。

3. 交叉提膝 站在平地或瑜伽墊上，雙手自然擺放於胸前，向上提左膝，兩臂同時向左擺並觸碰左膝，左腳落地的同時提起右膝蓋，兩臂向右擺並觸碰右膝，以連貫的動作重複即可。熟悉後可以在提膝的同時加一個側踹的動作，可以有效地提高上身和腿部整體的協調性。

4. 綜合運動 除了獨立訓練，綜合運動也能很好地提升我們的身體協調性，跳繩、游泳、瑜伽、街舞等都是很好的辦法。需要指出的是，無論進行哪種訓練，都要以適度、安全為前提，要循序漸進，持之以恆，切忌用力過猛、訓練過度，以免造成運動損傷。

□ 責任編輯：華　田
□ 裝幀設計：龐雅美　鄧佩儀
□ 排　版：楊舜君
□ 印　務：劉漢舉

植物大戰殭屍 2 之人體漫畫 05
——運動王國歷險記

□
編繪
笑江南

□
出版
中華教育
香港北角英皇道 499 號北角工業大廈一樓 B
電話：（852）2137 2338　傳真：（852）2713 8202
電子郵件：info@chunghwabook.com.hk
網址：http://www.chunghwabook.com.hk

□
發行
香港聯合書刊物流有限公司
香港新界荃灣德士古道 220-248 號
荃灣工業中心 16 樓
電話：（852）2150 2100　傳真：（852）2407 3062
電子郵件：info@suplogistics.com.hk

□
印刷
美雅印刷製本有限公司
香港觀塘榮業街 6 號 海濱工業大廈 4 樓 A 室

□
版次
2023 年 1 月第 1 版第 1 次印刷

□
規格
16 開（230 mm × 170 mm）

□
ISBN：978-988-8809-27-1

植物大戰殭屍 2・人體漫畫系列